NOTICE HISTORIQUE

SUR

LA CRÉATION ET L'ORGANISATION

DE LA STATISTIQUE OFFICIELLE

DANS

LA PRINCIPAUTÉ DE ROUMANIE

SUIVIE

DU TEXTE DE LA LOI QUI RÉGIT ACTUELLEMENT CETTE
INSTITUTION

RAPPORT

À LA

HUITIÈME RÉUNION DU CONGRÈS INTERNATIONAL DE STATISTIQUE À ST.-PÉTERSBOURG

———— ⬥ ————

(6)

BUCHAREST

IMPRIMERIE DE L'ÉTAT

1872.

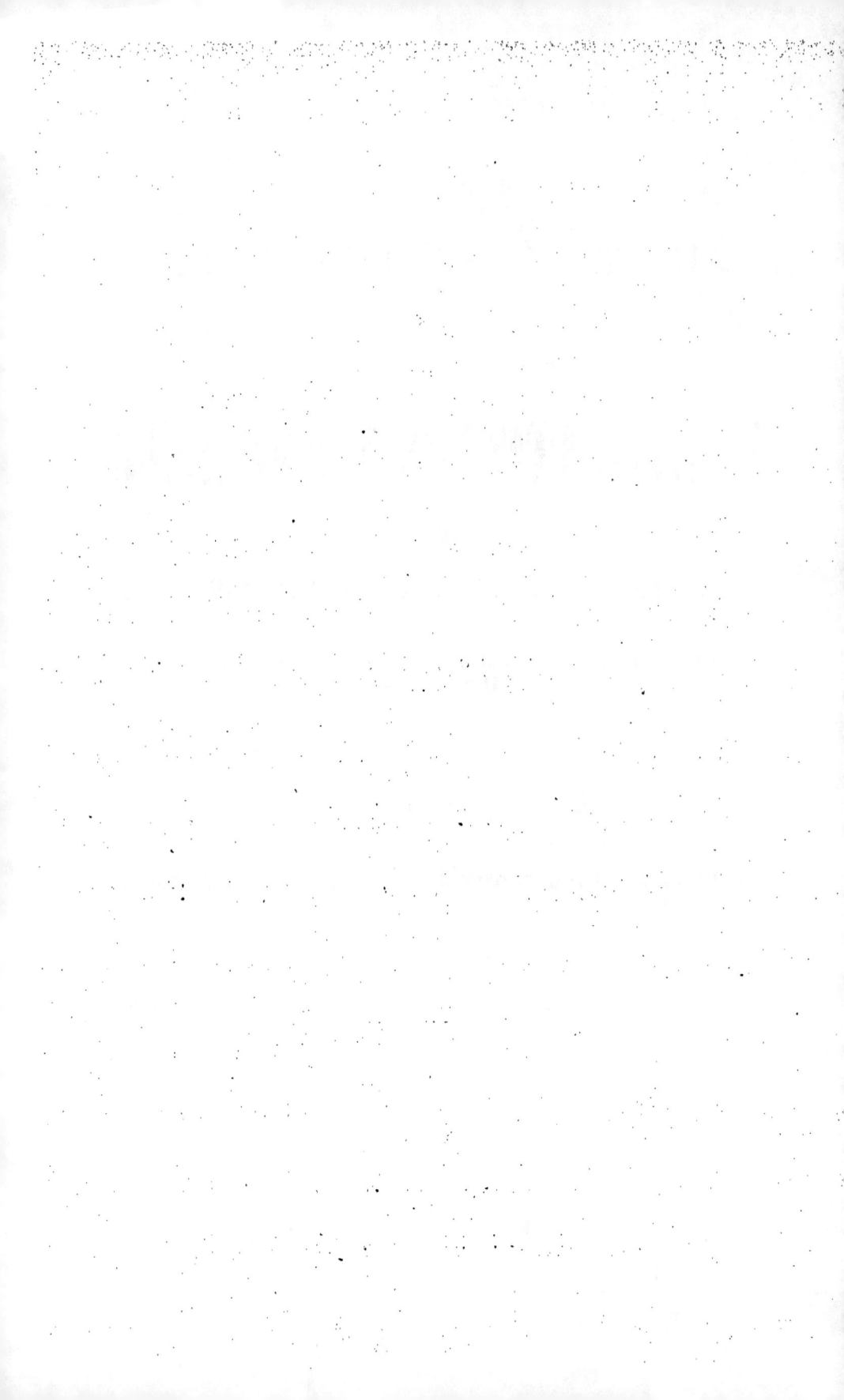

NOTICE HISTORIQUE

SUR

LA CRÉATION ET L'ORGANISATION DE LA STATISTIQUE

DANS

LA PRINCIPAUTÉ DE ROUMANIE

La principauté de Roumanie[1]) se compose des deux anciennes principautés de Valachie et de Moldavie. La Constitution de 1866, votée à Bucharest par l'Assemblée Constituante de la Roumanie, consacre la fusion de ces deux Etats, fusion déjà accomplie depuis plus de sept ans.[2]) Elle déclare dans son article premier que les Principautés-Unies Roumaines formeront un Etat indivisible sous le nom de «*Romania.*» Cette Constitution a reconnu en même temps l'élection, faite par un plébiscite antérieur,[3]) dans la personne de S. A.

---

[1]) La population de la Roumanie est à peu près de 5,000,000 d'habitants. — Il y a encore 3,068,816 habitants de race roumaine dans l'Autriche-Hongrie (Banat, Transilvanie, Bucovine) 1,500,000 en Turquie (principalement sur la rive droite du Danube) 1,000,000 en Russie (Bessarabie) et 300,000, épars dans différents pays. (Statistique de B. Alexandre. Gratz, 1871).— Ces populations appartiennent à la race néo-latine. Leur langue est fille du latin et contient un faible appoint de locutions étrangères empruntées aux idiomes voisins.

[2]) L'union des principautés roumaines a été proclamée pour la première fois le 24 Janvier 1859. La Chambre de Valachie, procédant à l'élection d'un prince en vertu de la Convention du 19 Août 1858, et portant son choix sur le prince Alexandre Jean I (colonel Couza), élu quelques jours auparavant par la Chambre Moldave, assura l'union des deux principautés. Cette union fut quelque temps personnelle; mais le 24 Janvier 1862, l'union administrative fut accomplie par la nomination d'un ministère unique pour les deux principautés sous la présidence du ministre de l'Intérieur Barbe Catargi, et la réunion des deux assemblées législatives de Valachie et de Moldavie en une seule Assemblée, qui vint siéger à Bucharest.

[3]) 8 Avril 1866.

S. le prince régnant, Charles I, de la maison de Hohenzollern-Sigmaringen, comme souverain du pays, et a assuré la transmission à perpétuité de la couronne dans sa dynastie; substituant ainsi le principe de l'hérédité monarchique à celui de l'éligibilité du pouvoir souverain.

Huit ans avant le mouvement politique qui a constitué le dernier état de choses, les sept Puissances, qui signèrent le traité de Paris, consacrèrent dans ce traité l'autonomie et les droits d'administration indépendante, qui appartenaient ab-antiquo à ces deux pays. Ces principes furent développés dans la Convention de Paris du 19 Août 1858, qui organisa définitivement le gouvernement des Principautés-Unies Roumaines et posa les bases de leur union future.

La Convention de Paris fut pendant sept ans, avec les modifications qu'elle reçut dans la suite, le code politique de la Roumanie. Elle a été remplacée le 1 Juillet 1866, par la Constitution qui nous régit actuellement et qui a déjà six années d'existence. Sous son influence bienfaisante, la Roumanie voit se développer les ressources nombreuses dont la nature fut prodigue envers elle, et qui jusqu'à présent, par le malheur des temps, demeuraient ignorées ou inutiles.

Le traité de Paris, qui a placé l'existence de la Roumanie sous la garantie collective des grandes Puissances signataires a été la première base de cet heureux état de choses. Quand il fut signé, au mois de Mars 1856, la Roumanie était encore occupée depuis quatre ans par des armées étrangères, et cette occupation n'était pas la première qu'elle eut eu à subir depuis le commencement de ce siècle.

Seize ans se sont à peine écoulés depuis lors, et les changements heureux qui se sont opérés dans toutes les branches de l'administration publique et de l'activité nationale étonneraient les esprits les plus prévenus.

Ce temps de calme et de repos, pendant lequel on a essayé une organisation plus stable et plus sérieuse, a gran-

dement profité aux travaux statistiques, qui ne pouvaient
avoir lieu sous des gouvernements mal assis et à des époques
troublées.

Deux mois après la proclamation de l'union, il fut institué
à Bucharest, Avril 1859, un bureau de statistique pour la
principauté de Valachie. Cette mesure fut prise par le ministre de l'Intérieur, monsieur Nicolas Cretzulesco,[1]) et la
direction en fut confiée au regrettable et savant Dion. P.
Martian, un des hommes à qui la science de la statistique
est le plus redevable de ses progrès en Roumanie. Ce fut
lui qui fut chargé de représenter la Roumanie au cinquième
Congrès international de statistique, qui se tint à Berlin en
1863, et qui fut le premier auquel notre pays prit part.

Dans la même année à Iassy, au mois de Juillet 1859, il
fut créé, sous le ministère Lascar Catargi, un bureau de statistique, et la direction en fut confiée à monsieur Jean Jonesco,
connu par plusieurs études sur la statistique et l'économie
politique; ce dernier fut délégué en 1869 pour représenter la
Roumanie à la septième session du Congrès international de
statistique qui se tint a la Haye.

La statistique entra alors pour la première fois dans le
cadre de l'administration publique.

Avant cette époque[2]) on ne peut trouver sur cette matière que quelques données incomplètes, sans ordre et sans

[1]) Actuellement ministre de l'Agriculture, du Commerce et des Travaux
Publics.

[2]) Sur l'époque postérieure à l'année 1832, on trouvera des données
statistiques intéressantes surtout dans les ouvrages de quelques auteurs;
ainsi on peut consulter avec fruit: La Romanie, par J. A. Vaillant. Paris,
1844, tome troisième. — Notions statistiques sur la Moldavie, par le
prince Nicolas Soutzo. Iassy, 1849. Du même auteur: Quelques obser-
vations sur la statistique de la Roumanie. Fokchani, 1867. — La Valachie au point de vue économique et diplomatique par Thibault Lefebvre.
Paris, 1857, etc. — Pour l'époque antérieure à 1832, en remontant aux
temps les plus reculés, on peut consulter les vieux chroniqueurs, qui
donnent sur ces pays des notices fort intéressantes, surtout l'historien
Démètre Cantémir: Description de la Moldavie.

classement, éparses dans les archives des différents ministères. Ainsi on peut considérer comme un essai de statistique
les dénombrements de la population, qui se faisaient jadis
dans un but purement fiscal. Outre quelques mercuriales
officielles, on trouve encore des notions touchant le mouvement de la population dans les tableaux contenant les nais-
sances, mariages et décès. Ces tableaux étaient formés par
les prêtres, qui tenaient alors les registres de l'état civil, fonc-
tion qui leur a été depuis retirée par le code civil, promulgué
le 26 Novembre 1864, pour être confiée aux maires.

Mais, comme nous l'avons dit plus haut, ce fut seulement
au mois d'Avril 1859, qu'on fit une tentative sérieuse pour
organiser la statistique (1).

Une organisation provisoire eut lieu. Un bureau de statistique composé d'un chef de bureau, un aide et deux rédac-
teurs fut installé à Bucharest, au ministère de l'Intérieur. Il
eut pour mission d'une part de réunir tous les documents
anciens, pouvant fournir quelques données statistiques, et
d'autre part de préparer un projet de loi, qui organiserait
ce service. Au mois de Juin de la même année la statistique
fut organisée de la manière suivante : un bureau composé
d'un chef, un rapporteur, un correspondant, un archiviste et
deux écrivains-rédacteurs, forme le service central attaché au
ministère de l'Intérieur.

Pour le service local, on créa un poste de rapporteur statistique dans chaque district. Ces rapporteurs étaient placés
sous la direction de l'office central, dont ils devaient exécu-
ter les ordres et suivre les instructions.

Quelques mois plus tard, dans l'intérêt du commerce et
surtout de l'agriculture, on institua dans chaque district une

---

[1] Pour être tout-à-fait exact, il faut dire que l'initiative première pour
l'introduction d'une statistique régulière appartient au ministère des
Finances, Novembre 1857. Mais cette tentative faite par le ministre
Nicolas Cretzulesco n'eut alors aucune suite.

commission de statistique agricole composée de trois agri-
culteurs distingués, de l'inspecteur des écoles et du rapporteur statistique du district. Cette commission était placée
sous la présidence du préfet.

Cette organisation coûtait à l'Etat pour la seule principauté
de Valachie 74,148 fr. par an.

Dans la principauté de Moldavie, dont l'administration
était encore séparée à cette époque de celle de la Valachie,
l'organisation du service de statistique, organisation pareillement décrétée en 1859, fut la suivante: Il fut créé cinq
bureaux, dont chacun avait des attributions distinctes. Le
premier bureau avait dans sa partie le cadastre; le deuxième, la population; le troisième, l'agriculture; le quatrième,
l'administration; le cinquième, le commerce. Le personnel
était composé de la manière suivante: un directeur, un sous-
directeur, cinq chefs de bureau, cinq adjoints, un registra-
teur et un archiviste. Quant au service extérieur, il y avait
dans chaque district un rapporteur et un adjoint.

Cette administration coûtait à l'Etat 82,740 fr. par an.

Telle est en gros l'organisation que la statistique reçut en
1859, dans les deux principautés de Moldavie et de Valachie.

Sitôt que cette organisation fut mise en pratique, le premier travail dont s'occupèrent ces nouvelles administrations,
fut le recensement général de la population. Ce recensement n'a pas eu pour but unique le dénombrement de la
population, mais encore l'énumération des maisons, vignes,
propriétés, bestiaux, etc. Quant à la manière de procéder, on
eut recours à des commissions ad hoc; on suivit en partie les
errements indiqués par le Réglement organique (1) pour la
confection des rôles de contribution.

---

(1) Le réglement organique est un corps de lois principalement politiques
et administratives, qui fut voté par les assemblées législatives des principautés de Valachie et de Moldavie, placées alors sous l'administration du comte Paul Kisselef. Cette loi politique a régi les Principautés
de 1832 à 1859.

Ainsi, en commençant par la Moldavie, une commision fut instituée pour chacun des 69 arrondissements de cette province et pour chaque commune urbaine. La composition de ces commissions était la suivante: un grand propriétaire nommé sur la recommandation du député de la grande propriété, un petit propriétaire nommé de la même façon, un fermier, un prêtre et le maire du village. Le gouvernement était représenté par le sous-préfet, ainsi que par un délégué du ministère de l'Intérieur. Trente deux tableaux furent remis à ces commissions. Par la suite ces tableaux furent réduits à vingt, afin de simplifier une oeuvre que l'infinie multiplicité des détails avait tout-à-fait compliquée.

Au dessus de ces commissions locales, on institua dans chaque district une commission supérieure, composée des députés du district ou de leurs délégués, du président du Tribunal, de l'archiprêtre (protohiereu), du préfet du district et du reviseur du ministère de l'Intérieur. Ces commissions supérieures recevaient les plaintes que pouvaient provoquer le travail des commissions d'arrondissement; elles contrôlaient et corrigeaient leurs chiffres. Leurs décisions étaient sans appel.

Les commissions d'arrondissement parcoururent les villages un à un, et, dans chaque village, visitèrent toutes les habitations de la même façon. Elles employèrent trois jours en moyenne pour chaque village, dont elles ont opéré le recensement La durée totale de l'opération, commencée le 1 Août 1859, fut de 5 mois.

L'Etat y employa une somme de 305,557 piastres (113,169 fr.), dont 284,385 piastres (105,327 fr.) furent consacrées à la rétribution du personnel et 21,172 piastres (7,841 fr.) à l'achat du matériel employé.

Les résultats obtenus ont été publiés, de 1861 à 1862, en trois livraisons qui contiennent en tout 352 pages.

La première livraison, publiée en 1861, est relative au

cadastre. Elle est divisée elle-même en deux parties, dont la première est consacrée au territoire et contient des notions sur l'étendue du pays, ses montagnes, ses fleuves, son climat, et la seconde, à ses divisions politiques et administratives.— La deuxième livraison a rapport à tout ce qui concerne la population. Dans sa première partie, elle s'occupe du recensement de la population dans chaque district, considérée sous le rapport de l'âge, du sexe, de l'état civil, de la nationalité, du culte, des professions, etc. Les étrangers sont classés d'après la protection à laquelle ils sont soumis. La seconde partie de cette livraison constate le mouvement de la population dans les années 1859 et 1860.— La troisième livraison est consacrée à l'agriculture. Elle est divisée en trois sections: première section, céréales, vignes et forêts; deuxième, instruments agricoles; troisième, animaux domestiques. Ces deux dernières livraisons ont été publiées du mois de Juillet 1861 au mois d'Août 1862.

Dans la principauté de Valachie, l'opération du recensement se fit pareillement à l'aide de 116 commissions locales, mais d'une manière beaucoup plus simple. Il n'y eut pas de commissions supérieures de district, et le travail s'effectua par les commissions d'arrondissement. Huit tableaux furent seulement distribués. Commencé le 15 Novembre 1859, le recensement fut terminé le 15 Mars 1860, quatre mois après. Il coûta à l'Etat la somme de 676,556 piastres (250,576 fr.). Les résultats obtenus ont été mis en ordre et publiés de 1860 à 1864 dans les Annales de statistique et d'économie politique. Cet ouvrage, qui forme 5 gros volumes in-4, contient, outre cette publication officielle, plusieurs études du plus grand mérite touchant les questions d'économie politique et de statistique qui ont trait à la Roumanie.

Il est inutile d'insister ici plus longuement sur cette oeuvre. Des exemplaires en ont été distribués aux bureaux de statistique des différents pays, et présentés aux trois dernières sessions du Congrès qui ont eu lieu depuis sa publication.

Il a été publié encore séparément la Nomenclature de toutes les communes de la Valachie, suivie d'un vocabulaire contenant les noms de toutes les localités du pays. Le même travail a été fait pour la Moldavie dans la deuxième livraison relative au recensement, mais avec moins de méthode et de développement

Tels sont en résumé les travaux de Statistique exécutés dans les deux principautés roumaines dans la courte période qui s'écoule depuis la proclamation de l'union personnelle jusqu'à la fusion des deux administrations séparées.

Le 24 Janvier 1862, l'union administrative des deux Etats fut effectuée; il s'ensuivit naturellement que l'administration de la Statistique officielle fut centralisée pour les deux Principautés.

Le 15 Août 1862, la direction statistique de Jassy cesse d'exister, et vient se confondre avec celle de Bucharest en une administration unique, dont le siège est désormais dans la Capitale des Principautés-Unies.

La direction générale fut confiée à monsieur Dion. P. Martian, qui administra ce service jusqu'à sa mort, le 11 Juin 1865.

Cette unification, en donnant aux travaux statistiques une direction uniforme, amena une notable amélioration dans ce service, sans compter une économie de 50, 520 piastres (16, 710 fr.) qu'on réalisa sur les frais d'administration générale.

En effet, la direction unique de Bucharest ne compta plus que 16 employés au lieu de 23, qui composaient en dernier lieu les deux anciennes directions séparées.

Le personnel de la nouvelle administration fut le suivant:

Le service se divise en service central et service des districts:

Le service central comprend un directeur, un sous-directeur, quatre rapporteurs, un archiviste-régistrateur, sept écrivains-rédacteurs et deux rapporteurs spéciaux pour les villes de Bucharest et Jassy.

Le service extérieur se compose d'un rapporteur dans chacun des trente trois districts et d'une commission de statistique locale, composée de personnes compétentes dans la matière.

Au dessous de ces commissions, établies dans les districts, il fut créé autant de sous-commissions que d'arrondissements. Elles avaient pour mission de contrôler sur les lieux mêmes les faits recueillis par l'administration, et de donner un avis sur les questions qui leur seraient soumises.

Cette organisation a duré jusqu'en 1866. Dans cet intervalle cependant deux événements vinrent porter un coup fâcheux à cette institution naissante. Une ordonnance ministerielle, en date du 4 Octobre 1862, mit dans les attributions de la direction centrale, l'administration de l'imprimerie de l'état et détourna de cette façon une grande partie de l'activité, qui aurait pu être employée pour les travaux spéciaux de l'administration de la statistique.

Mais ce qui lui porta un coup bien plus sensible ce fut la mort prématurée du directeur et on peut dire du créateur de cette institution en Roumanie, monsieur Dion. P. Martian, décédé dans le courant de l'année 1865.

Aussi en l'année 1866 des modifications radicales furent apportées à ce service:

Les rapporteurs statistiques des districts, qui étaient les agents directs et spéciaux de l'office central, furent supprimés et remplacés par les secrétaires des Conseils généraux. L'office central, devenu une simple section du Ministère de l'Intérieur, fut composé d'un chef de division, d'un rapporteur, trois vérificateurs, un archiviste et quatre écrivains-rédacteurs. Le service entier ne coûta plus au budget que la somme de 69,600 piastres (25,777 francs) par an.

Cette mutilation pour ne pas dire cette suppression de l'administration de la statistique fut surtout déterminée par des motifs d'économie. En effet, la réduction opérée de ce chef dans le budget ne fut pas moindre de 266,400 piastres (¹) (98,666 fr.). A cette époque on a séparé l'administration de l'imprimerie de l'Etat de la direction de la statistique, et on a institué une Commission Centrale de statistique, qui ne fonctionna pas d'une façon régulière.

Cette commission esquissa seulement un projet de loi au quel il ne fut donné aucune suite. Pendant deux ans même de 1865 à 1867 il n'y eut pas de chef nommé à la division statistique. Au bout de ce temps, monsieur Grégoire Vulturesco fut alors appelé à la direction de la statistique et il accompagna au Congrès international qui se tint à Florence, le délégué officiel de la Roumanie, monsieur Grégoire Bengesco.

Ce fut en partie sur la base des idées émises dans ce Congrès touchant une bonne organisation de la statistique officielle, et sur les indications générales du docteur Pierre Castiglioni qu'un projet de loi réglant à nouveau ce service fut préparé et présenté aux Chambres par le Ministre de l'Intérieur monsieur Jean Bratiano, dans le mois de Mars, 1868. — Ce projet devait rester assez longtemps enfoui dans les bureaux de la Chambre avant de devenir une loi.

(¹) Nous avons soin de donner en francs la valeur des sommes marquées en piastres, d'après le type monétaire employé en Roumanie jusqu'en l'année 1868. Il est bon d'ajouter que la loi du ¹¹/₂₂ Avril 1867, a introduit en Roumanie le système monétaire décimal qui est usité en France, Italie, Belgique, etc. L'unité monétaire de la Roumanie est aujourd'hui la piastre (leu) appelée piastre nouvelle pour la distinguer de l'ancienne et qui vaut exactement le franc. Une première émission de monnaie nouvelle a déjà été faite.

Dans cet intervalle voici en résumé les publications que fit l'administration de la statistique :

De 1865 à 1869, année où le soussigné eut l'honneur d'être appelé par le Ministre de l'Intérieur, monsieur Michel Cogalniceano, à la tête de la division de statistique, les seules publications qui eurent lieu furent les suivantes :

En 1865 une nomenclature générale des communes de la Roumanie, par suite de l'application de la nouvelle loi communale.

En 1866, on fit paraître en roumain et en français une livraison de 85 pages, portant pour titre : Extrait de la statistique administrative de la Roumanie. Ce n'est qu'une compilation fort écourtée des publications antérieures. En 1867 on publia, en une livraison de 296 pages, les annales statistiques de 1865, qui comprennent la statistique judiciaire et agricole de l'année 1865, celle du commerce extérieur pour 1864, ainsi que le mouvement de la population pour sept ans, en commençant par l'année 1859.

De 1869 à 1872 cinq livraisons ont été publiées. Elles contiennent les annales statistiques des années 1866, 1867, 1868 et 1869 ; — La première de ces livraisons, pour 1866 a été présentée par le soussigné au Congrès de la Haye en 1869. Les quatre autres, parues dans l'intervalle qui sépare les deux sessions du Congrès, seront présentées dans la session actuelle du Congrès international.

Ces Annales statistiques de 1866 à 1869 contiennent pour chaque année des relevés sur le mouvement de la population, du commerce, sur l'état de l'agriculture, sur la navigation, etc. etc.

En même temps le projet de loi pour la réorganisation du service de la statistique en Roumanie qui depuis quatre ans était déposé à la Chambre, passait à l'état de loi, après avoir subi certaines modifications.

Cette loi a été promulguée le 29 Novembre 1871, par le

ministre actuel de l'Intérieur M. Lascar Catargi, le même qui en 1859, institua en Moldavie le premier bureau de statistique officielle.

Tel est en résumé l'histoire de la statistique en Roumanie, depuis qu'elle a pris une place dans l'organisation administrative du pays, c'est à dire depuis l'année 1859.

J'ai cru devoir donner ces détails pour répondre pleinement à la demande que m'a faite le $^5/_{17}$ Mai 1872, de Saint Pétersbourg, la Commission d'organisation du huitième Congrès international de statistique.

J'ai tâché pour ma part et dans la mesure du possible, de satisfaire cette demande et de donner un tableau exact et complet de la situation actuelle de la statistique en Roumanie. Le texte de la loi que je joins à ce travail expliquera suffisament l'organisation actuelle.

Cette loi a été mise en application dans le mois de Janvier de la présente année par la nomination de la Commission centrale de statistique, qui a tenu sa première séance dans le courant du même mois.

La préoccupation principale de la loi actuelle a été d'assurer l'authenticité des faits recueillis, et d'atteindre ainsi le principal but de tout travail statistique, qui est la sûreté des informations.

Elle a tâché d'atteindre ce but de deux manières, d'abord, en établissant des pénalités et en rendant effective la responsabilité des agents, ensuite, en plaçant à côté de l'administration de la statistique une commission centrale, dont la mission principale sera de vérifier les tableaux qui lui seront soumis par les agents statistiques. A côté et au dessus du contrôle habituel du chef de l'office, elle a donc placé ce contrôle supérieur, et pour ainsi dire désintéressé. En effet, par l'institution de cette Commission, elle n'a pas laissé la vérification des faits recueillis au contrôle exclusif et discrétionnaire de ceux même qui sont chargés de les recueillir.

La loi a aussi pourvu l'administration de la statistique de moyens puissants d'exercer sa mission. Au lieu du moyen coûteux et peu efficace d'agents spéciaux dans les districts, chargés uniquement de ce genre de travail, elle met sous les ordres et à la disposition de l'office central de statistique, pour tout ce qui concerne ce service, toutes les autorités locales, administratives, judiciaires et communales. Ce sont des agents statistiques naturels; car ces autorités sont plus à même que n'importe qui de donner des renseignements sûrs, touchant les faits qui relèvent de leur administration.

Une direction centrale rassemble tous ces faits, les classe et les coordonne. Mais, comme leur nature est fort différente, les opérations de l'office central se divisent en cinq parties principales : l'intérieur, la justice, les finances, l'agriculture et l'instruction publique. Cette division correspond en partie à celle des ministères. Chaque ministère a donc son bureau pour les opérations statistiques.

L'office central chargé de la direction générale de tout le service est attaché au ministère de l'intérieur. Toute cette organisation ne coûte à l'Etat que 39,360 fr. par an.

Tel est le cadre général de la loi; un réglement d'application développera les principes qui y sont contenus. Il posera surtout les bases, d'après lesquelles sera opéré un recensement de la population qui doit se faire bientôt; il tiendra évidemment compte des indications de la science, et des principes que le Congrès international a admis à ce sujet, dans ses diverses sessions.

En résumé, on voit que depuis son introduction officielle en Roumanie jusqu'à la loi de 1871, la statistique a passé par des phases d'organisation très variées. Acueillie d'abord avec un certain enthousiasme, on y consacra des sommes très considérables, en disproportion même avec les ressources budgétaires du pays.

Vers 1866, un concours de circonstances défavorables, la

décès de son véritable fondateur en Roumanie, la révolution politique qu'il y eut alors, et principalement le désarroi des finances, rejetèrent pour un moment dans l'ombre cette utile institution qui fut presque complétement abandonnée pendant plusieurs années.

Aujourd'hui la statistique a retrouvé dans notre administration publique la place qu'elle doit y occuper. Organisée sur une base modeste, mais sûre, et susceptible de recevoir avec le temps et l'expérience les développements nécessaires, elle remplira, dans le cadre de nos institutions, le rôle utile qui doit lui appartenir, guidant l'administrateur et le financier, éclairant le législateur, mettant en lumière les réssources de la nature, du sol, de la population de notre pays, constatant pas à pas les progrès de la moralité et de l'instruction, nous faisant connaître à nous mêmes et aux autres.

Les savantes discussions de ce Congrès international, dont les sessions périodiques sont en ces matières les rendez-vous de la science et de l'expérience universelles, ne contribueront pas peu à aider dans leur tâche difficile les hommes consciencieux, qui s'efforcent, en ce moment, de mettre au niveau de la civilisation générale un pays, dont la marche dans la voie du progrès a été jusqu'à présent contrariée par tant de douloureux événements.

ALEXANDRE PENCOVITZ

Chef de l'office central de statistique; Membre et secrétaire de la Commission centrale de statistique;
Délégué officiel de la Roumanie à la 8-me session du Congrès international de statistique, à St. Pétersbourg.

CHARLES I

PAR LA GRÂCE DE DIEU ET LA VOLONTÉ NATIONALE,

PRINCE DES ROUMAINS

A tous présents et à venir, salut:

Vu le rapport No. 12,269, de notre ministre secrétaire d'Etat au département de l'Intérieur, par lequel il soumet à notre sanction le projet de loi voté par les Corps Legislatifs, pour la réorganisation du service statistique général de la Roumanie;

En vertu de l'art. 93 de la Constitution,

Nous avons sanctionné et sanctionnons,

Nous avons promulgué et promulguons, ce qui suit:

LOI

POUR LA RÉORGANISATION

DU SERVICE GÉNÉRAL DE STATISTIQUE EN ROUMANIE

TITRE I

SERVICE GÉNÉRAL DE STATISTIQUE

CHAPITRE I

DE L'OFFICE CENTRAL DE STATISTIQUE

Art. 1. Il est institué près le ministère de l'Intérieur un office central de statistique chargé de réunir, coordonner et publier chaque année les données statistiques, concernant toutes les branches de l'administration publique et toutes les

2

manifestations, qui intéressent l'état physique, économique , intellectuel et moral du pays.

Art. 2. Le chef de l'office central de statistique dirigera ces travaux pour le pays entier, sous les ordres du ministre de l'Intérieur. Il aura, sous sa responsabilité, le droit de signer tous les actes de son administration, sauf ceux qui concerneront le budget, les nouvelles informations statistiques, les dépenses et publications extra-ordinaires, la nomination des fonctionnaires, leur destitution et leur mise en jugement. Le ministre de l'Intérieur aura seul le droit de prononcer sur ces questions et d'autres, qui seront par dispositions spéciales mises hors de la compétence personnelle du chef de l'office.

Le ministre prendra l'avis de la commission centrale de statistique dans tous les cas prévus par la loi.

Art. 3. L'office central de statistique est composé ainsi qu'il suit:

a). Un chef;

b). Un secrétaire rapporteur;

c). Un aide vérificateur;

d). Un archiviste;

c). Un rédacteur correcteur;

f). Un rédacteur.

Art. 4. Le chef de l'office central de statistique devra avoir des connaissances spéciales en fait de statistique. Sa nomination sera présentée à la sanction princière par le ministre de l'Intérieur, après qu'il aura pris l'avis de la commission centrale de statistique.

Le secrétaire rapporteur, l'aide vérificateur et les rapporteurs, prévus à l'art. 7, ne pourront être nommés par décret du Prince, qu'après avoir subi un examen satisfaisant par devant la commission centrale de statistique.

Les fonctionnaires mentionnés aux lettres *d, e, f*, du précédent article, seront nommés d'après les règles généralement admises au ministère de l'Intérieur.

CHAPITRE II

DE LA COMMISSION CENTRALE DE STATISTIQUE

Art. 5. Une commission centrale de statistique sera instituée à côté de l'office central. Elle sera composée de quatre membres nommés pour trois ans par décret princier, et choisis parmi les personnes connues pour leur compétence en fait de statistique et d'économie politique. Le chef de l'office central sera de droit le cinquième membre de la commission; il remplira en même temps les fonctions de secrétaire. Ces membres jouiront d'une indemnité de 10 fr. par jour de présence, payée sur les fonds du ministère de l'Intérieur.

La présidence appartiendra au plus âgé.

Art. 6. Les attributions de la commission centrale sont les suivantes:

a). Déterminer les données statistiques à recueillir et fixer les formulaires;

b). Contrôler les donneés statistiques recueillies par l'office central, et en autoriser la publication;

c). Donner son avis sur toutes les questions et tous les travaux intéressant la statistique, qui seront soumis à ses délibérations par le ministère de l'Intérieur.

CHAPITRE III

DES RAPPORTEURS

Art. 7. Il est institué auprès des Ministères de la Justice, des Finances, des Cultes et de l'Instruction publique, du Commerce, de l'Agriculture et des Travaux publics, un rapporteur statistique et un aide. Leurs appointements seront inscrits au budget respectif du Ministère dont ils dépendent.

Art. 8. Les rapporteurs sont chargés:

a). De réunir, dépouiller, coordonner, sur les instructions et d'après les modèles que leur fournira l'office central, tous les renseignements statistiques qui leur seront indiqués;

b). De donner à l'office central les informations et lui prêter le concours nécessaires pour tout ce qui concerne les services publics et les divers travaux de statistique du ressort de chaque Ministère. A cet effet ils seront requis de se réunir à l'office central toutes les fois qu'ils y seront appelés;

c). Chaque année, au terme et de la manière fixés, de réunir à l'office central les travaux statistiques de l'année précédente.

Art. 9. Les rapporteurs statistiques ne pourront correspondre que sous la signature du Ministre respectif, avec les autorités et les agents qui seront sous la dépendance de ce Ministre.

Ils pourront cependant signer seuls la correspondance ordinaire avec l'office central.

Art. 10. Ils ne pourront jamais être soustraits à leurs occupations spéciales par des travaux étrangers à leurs attributions.

Art. 11. La nomination des rapporteurs et des aide-rapporteurs sera soumise à la sanction princière par le ministre respectif, sur la recommandation qui lui en sera faite par la commission centrale de statistique, chargée de l'examen des aspirants.

TITRE II
SERVICE STATISTIQUE DÉPARTEMENTAL

CHAPITRE UNIQUE
DES COMITÉS PERMANENTS DES CONSEILS DE DISTRICT

Art. 12. Les comités permanents sont chargés de recueillir les chiffres primordiaux de la façon et au temps qui leur seront fixés. Ils expédieront les tableaux statistiques terminés aux agents centraux, chargés du classement des documents recueillis.

Art. 13. Les comités permanents, les autorités communales et en général tous fonctionnaires sont resposables de l'exactitude des renseignements statistiques qu'ils ont fournis.

Art. 14. Les membres des comités permanents forment les commissions de statistique départementales, qui seront présidées par le préfet ou son secrétaire.

Art. 15. Ces commissions donnent leurs avis sur toutes questions ou opérations statistiques soumises par le préfet à leur délibération Elles peuvent aussi, du chef de leur initiative, proposer des améliorations à introduire dans les opérations statistiques du district.

Art. 16. Elles sont obligées de déléguer un de leur membres afin d'inspecter les registres des actes de l'état civil dans les communes du district.

TITRE III

PÉNALITÉS ET MESURES DISCIPLINAIRES

Art. 17. Tout agent statistique de l'administration centrale, mentionné dans la présente loi, qui contreviendra aux dispositions qu'elle a prescrites, sera puni pour la première fois d'une amende de 25 francs; en cas de recidive, l'amende sera doublée; pour infraction grave, la peine de la destitution sera prononcée contre lui.

Art. 18. Les peines prévues par le précédent article seront appliquées, pour les rapporteurs statistiques attachés à un ministère, par le ministre respectif, sur l'invitation qui lui en sera faite par le ministre de l'Intérieur.

En cas de destitution celui-ci statuera après avoir pris l'avis de la commission centrale; il aura en vue la défense de l'inculpé.

Art. 19. Le ministre de l'Intérieur, sur le rapport du chef de l'office central, approuvé par la commission centrale, ordonnera l'application et l'exécution des peines ci-dessus pour tous les fonctionnaires mentionnés à l'art 3, l. b), c).

Les fonctionnaires mentionnés au même article 3.1.d), e), f) seront destitués, s'ils ont encouru deux fois dans l'année la peine de l'amende.

Art. 20. Le ministre de l'Intérieur à titre de président, assisté par la commission centrale de statistique, juge les infractions commises par le chef de l'office central de statistique, qui, la première fois, pourra être frappé d'une amende de 50 fr.; de 200 fr. la seconde fois, et destitué, si, dans le courant de l'année, il a encouru deux fois la peine de l'amende.

Art. 21. Tout agent statistique, appartenant soit à l'administration centrale, soit à l'administration départementale, qui aura dénaturé les chiffres réels, en les remplaçant par des chiffres imaginaires, sera mis en jugement sur la demande du ministre de l'Intérieur, et, en cas de culpabilité, pourra être condamné à 15 jours de prison; en suite de quoi sa destitution sera publiée dans le Moniteur officiel.

TITRE IV

DISPOSITIONS GÉNÉRALES

Art. 22. Toutes autorités administratives et communales sont tenues de fournir les renseignements statistiques, qui leur seront demandés par les agents de statistique, d'après les formulaires, tableaux et instructions, émanés de l'office central de statistique.

TITRE V

DISPOSITIONS TRANSITOIRES

Art. 23. Un réglement général fixera le mode d'application de cette loi, et précisera en détail :

a). Les faits statistiques qui devront être recueillis par les agents de statistique des départements, par l'office central de statistique, et les rapporteurs attachés aux différents ministères, leurs attributions, et la procédure à suivre pour la constatation et le contrôle des faits à recueillir ;

b). Les tableaux et formulaires, qui doivent servir de règle aux agents chargés de rassembler les diverses données statistiques;

c). Le mode d'après lequel sera opéré le recensement général de la population, l'époque de ce recensement et les faits qu'il devra constater.

Art. 24. Les fonctionnaires statistiques actuellement en exercice dans la division statistique ne seront pas soumis aux dispositions prescrites dans les articles 4 et 11; le ministre, après avoir consulté la commission centrale de statistique prévue par la loi, réglera leur nouvelle situation.

TITRE VI
APPOINTEMENTS DES EMPLOYÉS DU SERVICE CENTRAL DE STATISTIQUE

Art. 25. La rétribution du personnel du service de statistique est fixée ainsi qu'il suit:

MINISTÈRE DE L'INTÉRIEUR
OFFICE CENTRAL

1 Chef de l'office	500	francs	par mois.
1 Secrétaire rapporteur	300	fr.	id
1 Aide vérificateur	190	fr.	id
1 Archiviste	190	fr.	id
1 Rédacteur correcteur	120	fr.	id
1 Rédacteur	115	fr.	id.
1 Huissier	60	fr.	id.

MINISTÈRE DES FINANCES

1 Rapporteur	300	fr.	id
1 Aide	120	fr.	id

MINISTÈRE DE LA JUSTICE

1 Rapporteur	300	fr.	id
1 Aide	120	fr.	id

MINISTÈRE DES CULTES ET DE L'INSTRUCTION PUBLIQUE

1 Rapporteur	300	fr.	id
1 Aide	120	fr.	id

MINISTÈRE DE L'AGRICULTURE, DU COMMERCE ET DES TRAVAUX PUBLICS

1 Rapporteur 300   fr.   par mois
1 Aide 120   fr.   id

Cette loi a été votée par l'Assemblée des députés dans sa séance du 21 Mars 1870 et adoptée à la majorité de 56 voix contre 10.

Président, G. BALS.

Secrétaire, *N. Moscou.*

Cette loi a été votée par le Sénat dans sa séance du 3 Février 1871 et adoptée à la majorité de 29 voix contre 4 et 4 abstentions.

Président, A. C. PLAGINO.

Secrétaire, *Gr. Moscou.*

Nous promulguons cette loi et ordonnons qu'elle soit investie du sceau de l'Etat et publiée dans le Moniteur officiel.

Donné à Bucharest, 29 Novembre, 1871.

CHARLES

Ministre secrétaire d'Etat   Ministre secrétaire d'Etat
au département de l'Intérieur,   au département de la Justice,
    L. CATARGI.   **G. COSTA-FORO.**

No. 2,144.

MEMBRES DE LA COMMISSION CENTRALE

DE STATISTIQUE

Nommés conformément à l'art. 5 de la loi par décret princier No. 303 du 11 Janvier, 1872.

M. M.   *Bengesco Grégoire*, président.

    „   *Lahovari Alexandre.*

    „   *Aurelian Pierre.*

    „   *Bratiano Georges.*

    „   *Pencovitz Alexandre,* secrétaire.

www.ingramcontent.com/pod-product-compliance
Lightning Source LLC
Chambersburg PA
CBHW070217200326
41520CB00018B/5681